JN086387

データの達人

表とグラフを使いこなせ！

監修：今野紀雄（横浜国立大学教授）

②

予想してみよう！
数値の変化

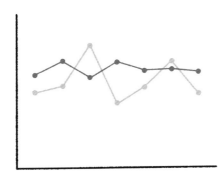

「データの達人」を目指そう

　何かを調べたいときには、まずたくさんのデータを集めます。データとは、資料や、実験、観察などによる事実や数値のことです。図書館で本を調べたり、インターネットを使って検索したり、アンケートを取ったり、観察記録をつけたりすると、さまざまなデータに出会います。しかし、データを集めただけでは、そこから知りたいことを読み取ることはできません。そこで、表やグラフを活用する力が必要になってくるのです。

　この本では、1章で、折れ線グラフを使いこなす方法を、例を使ってわかりやすく説明しています。2章では、データに基づいて問題を解決する手順（PPDACサイクル）を学びます。データの数値の変化を予想したり、どんなときにどんな変化をするかを読み取ったりすることで、課題をより深く理解していくことができます。3章では、課題にそってデータを分せきしていきます。

　データがあふれる今の時代に、みなさんに身につけてほしいのは、データを活用した問題解決能力です。ここで学んだことは、大人になってさまざまな難しい問題に立ち向かったときにも、きっと問題を解決する方法を導く助けとなることでしょう。

　この本が、みなさんの「データの達人」を目指す学習に役立つことを心より願っています。

横浜国立大学教授　今野紀雄

もくじ

登場人物しょうかい

グラフ先生

表やグラフにくわしい、データの達人。トーケイ小学校でデータの活用法を教えている。

ケント・ハナ

トーケイ小学校の4年1組。グラフ先生やクラスの友だちと、データ活用の勉強をしている。

※文中のトーケイ小学校など、トーケイ〇〇として表記されるデータは、表やグラフをわかりやすく説明するために編集部が作成した架空のデータです。

1 表やグラフを使いこなそう

この章では、折れ線グラフの特ちょうや変化を読み取る工夫などを、例を使ってしょうかいします。

数量の変化のようすを表す
折れ線グラフ

折れ線グラフは、調べる数や量を点で打ち、直線でつないで表したグラフです。数量が変化していくようすを調べるときに使います。

期間内の数量の変化

折れ線グラフは、ある連続した期間内に、数量がどのように変化していくかを表すグラフです。グラフの横じくには、年・月・日・時刻などの時間や回数を入れ、たてじくに変化する数量を入れます。めもりは、「0」から始めなくてもかまいません。

下は、「ケントの漢字テストの成績」を表にしたものです。折れ線グラフにするとき

は、横じくに「回数（回）」、たてじくに「点数（点）」を入れます。このデータのように、1つのことがらが変化するようすをグラフにする場合に、折れ線グラフは適しています。

下の表を折れ線グラフにすると、どんなことがわかるかな？

ケントの漢字テストの成績
トーケイ小学校 4 年1組 20 ××年1学期内のテストの結果より

回数（回）	1	2	3	4	5	6	7	8	9	10	11	12
点数（点）	40	55	42	65	45	82	80	85	84	90	90	90

ポイントは線のかたむき

棒の長さで数量の大きさをくらべる、棒グラフとちがい、折れ線グラフは線のかたむきから変化を読み取ります。数値を表す点を線でつなげているため、連続した期間に、数量が増えている、へっているという変化がわかりやすいのです。

線のかたむきが大きいほど変化ははげしく、線のかたむきが小さいほど変化はゆるやかです。かたむきがなければ、その間は変化がなかったということになります。

下のグラフでは、1 ～ 6回目までは点数の数値は変化がはげしく、6 ～ 10回目は80点あたりで数値はゆるやかに変化し、10 ～ 12回目は90点から数値に変化がなく、安定しています。

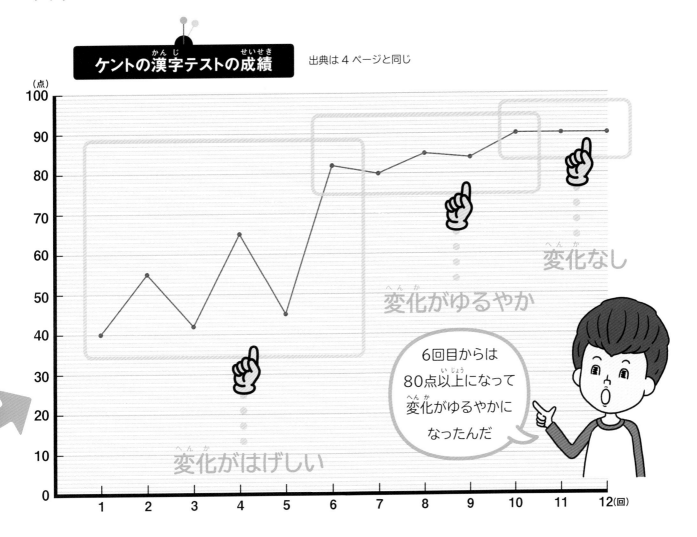

ケントの漢字テストの成績

出典は 4 ページと同じ

6回目からは80点以上になって変化がゆるやかになったんだ

変化なし

変化がゆるやか

変化がはげしい

まとめ

・折れ線グラフは、横じくに時間や回数を入れて数量の変化を表す。
・折れ線グラフは、線のかたむきで数量の変化のようすがわかる。

複数の数量の変化をくらべやすい
折れ線グラフの活用法

折れ線グラフは、複数のデータを同時に表すことができます。
複数のデータの数値の変化を読み取るときに使いましょう。

多くのデータの変化を同時に表す

折れ線グラフには、多くのデータの変化をわかりやすく同時に表せるという特ちょうがあります。

下は、「1班の漢字テストの成績（4人）」を集合の棒グラフに、右は折れ線グラフにしたものです。集合の棒グラフは、回数ごとの4人の点数のちがいをくらべる場合には適したグラフですが、ひとりひとりの変化のようすは、よくわかりません。

集合の棒グラフにすると……

1班の漢字テストの成績（4人）

トーケイ小学校 4年1組 20××年1学期内のテストの結果より

ひとりひとりの
変化は読み取り
づらいね

ケント　ハナ
ダイキ　ユリ

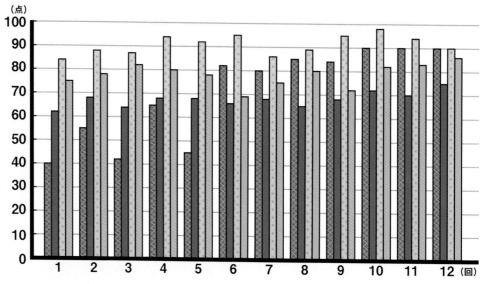

点や線を変えてならべる

折れ線グラフにすると、4人分の漢字テストの成績のデータを同時に表示しても、ごちゃごちゃせず、数量の変化のちがいがよくわかります。点の形や線の種類や色を変えてならべれば、より見やすくデータをくらべることができます。

下の折れ線グラフからは、ケントの点数の変化がいちばんはげしく、ダイキの点数の変化がいちばんゆるやかなことがわかります。ハナは毎回80点以上を取り、ユリは6回目と9回目に点数が下がっていますが、70点以下は1回だけです。

ほかには
どんなことが
わかるかな？

折れ線グラフにすると……

1班の漢字テストの成績（4人） 　出典は6ページと同じ

●—— ケント　　●---- ハナ
■---- ダイキ　　■—— ユリ

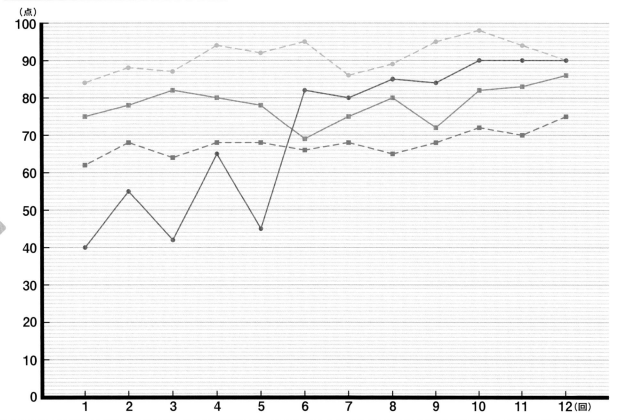

（点）

まとめ
・折れ線グラフは、複数のデータの数量の変化のちがいを調べる場合に使われる。
・複数の折れ線グラフを同時に表すときは、点の形や線の種類や色を変えるとよい。

7

めもりの間かくを考えよう

変化を見やすくするコツ

折れ線グラフは、変化を読み取るグラフです。たてじくのめもりの間かくを広くすると、変化が読み取りやすくなります。

めもりの間かくを広くする

数値の大きさにあまり差がないデータは、グラフの線のかたむきが小さいグラフになり、変化のようすが読み取りづらくなります。たてじくのめもりの間かくを広くすると、グラフの線のかたむきが大きくなり、変化のようすがより読み取りやすくなります。ただし、きょくたんに間かくを広くすると、見る人の受け取り方がまったくちがってしまいます。まちがった印象をあたえないように、めもりの間かくを広くするときは注意しましょう。

下のグラフは、「読んだ本の冊数調べ」のハナとユリのデータです。グラフを見ると、データの数値が0から離れていて、間が広く空いています。このような場合は、右のような方法でたてじくのめもりの間かくを広くすることができます。

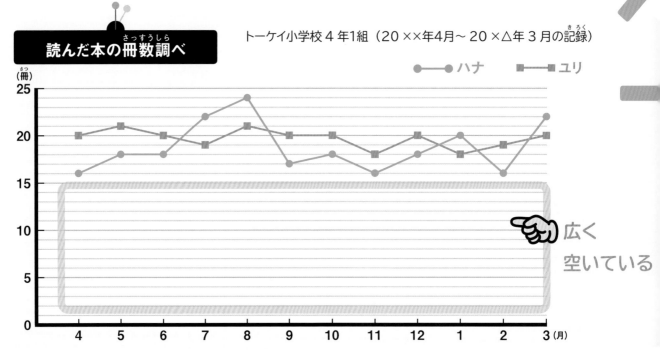

読んだ本の冊数調べ

トーケイ小学校 4 年1組 (20××年4月～ 20 ×△年 3 月の記録)

●ー● ハナ　■ー■ ユリ

広く空いている

● グラフを省略する

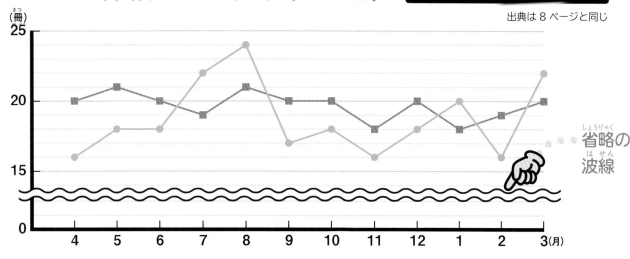

● ハナ　■ ユリ

出典は 8 ページと同じ

グラフのとちゅうに省略を表す波線を入れて、データの入って
いない部分を省略し、たてじくのめもりの間かくを広くする。

● たてじくのめもりの始めを「0」にしない

読んだ本の冊数調べ

出典は 8 ページと同じ

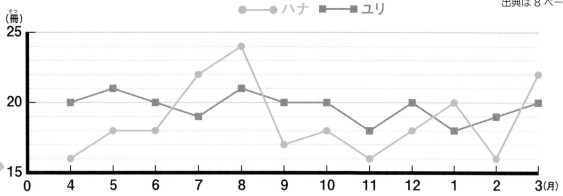

● ハナ　■ ユリ

折れ線グラフは、棒グラフとはちがい、数量では
なく変化を見るグラフなので、たてじくのめもりは、
「0」から始めなくてもよい。この場合は、最小の
数値が「16」なので、「15」からめもりを始め、
たてじくのめもりの間かくを広くした。

めもりの始めは
5の倍数にすると
数値が数えやすいよ

 まとめ ・折れ線グラフは、グラフを省略する、めもりを「0」から始めない、などして
めもりの間かくを広くすると変化が読み取りやすくなる。

種類のちがう2つのグラフを組み合わせた

複合グラフ

複合グラフは、棒グラフと折れ線グラフなど、種類のちがう2つのグラフを組み合わせて1つのグラフに表したものです。

種類のちがうグラフを合体させる

下は、高松の平均気温の折れ線グラフと、高松の降水量*（年間）の棒グラフです。この2つのグラフを合体させると、右ページのような複合グラフになります。平均気温と降水量を一度に見られるだけでなく、ほかの地域のデータとくらべやすくなります。

右ページの6つのグラフを見ると、雪が多く降る札幌や新潟は、冬に降水量が多いのがわかります。札幌は12〜2月の気温は0℃以下でした。松本は夏と冬の気温差が大きく年間の降水量が少なく、東京は6〜10月に雨が多くなっています。高松は年間の降水量が少なく、宮古島は冬の気温も高く年間の降水量が多いという特ちょうが読み取れます。

高松の平均気温と降水量（年間）

出典：気象庁ウェブサイト「各種データ・資料」の「過去の気象データ検索」「地点の選択」の「年・月ごとの平年値」より作成（2019年12月20日利用）

気温と降水量のデータを組み合わせて複合グラフに！

気温の折れ線グラフ ＋ 降水量の棒グラフ

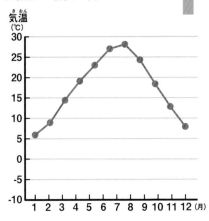

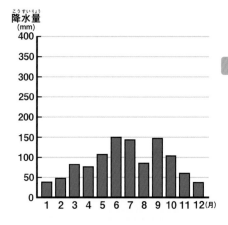

＊降水量：雨や雪などが降った量。

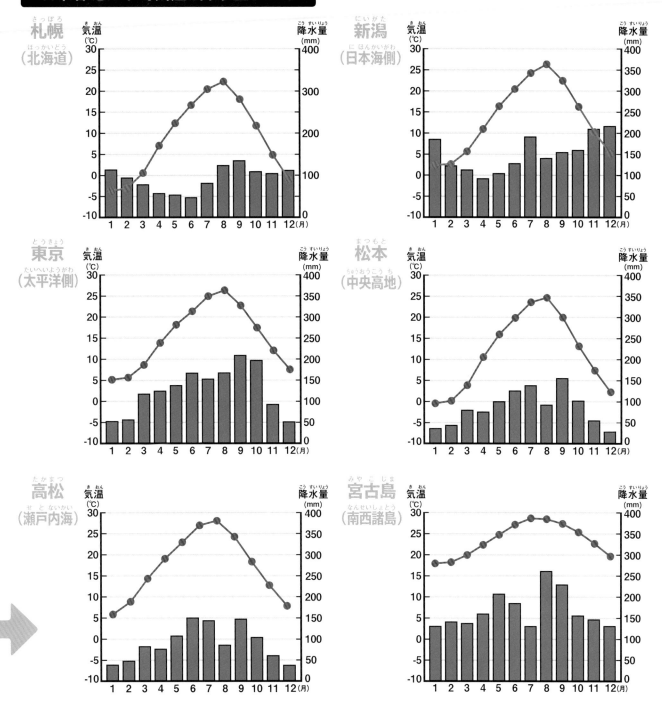

まとめ

・複合グラフは、種類のちがう2つのグラフを組み合わせたもの。
・複合グラフは、気温と降水量など2つのことがらを一度に見られる。

データを活用して未来を予想しよう！

データの傾向や特ちょうをつかんで予想を立てる

データの活用法は、大きく2つあります。1つは、集めたデータを分せきし、データの傾向や特ちょうをつかむことです。例えば、ドラッグストアのデータを分せきしたら、「年末にそうじ用品がいつもの倍近く売れる」という傾向がわかった、というようなことです。

もう1つは、その集めたデータの傾向や特ちょうをもとに、未来を予想することです。ドラッグストアの例でいうと、データを分せきし、「来年の年末にも、そうじ用品がいつもの倍近く売れるだろう」という予想を立てる、ということになります。この予想から、ドラッグストアで年末にそうじ用品の仕入れを増やす計画が立ちます。データを分せきして予想を立てることで、未来の計画を立てることができるのです。

年末の大そうじに！

成長曲線を活用して未来の計画を立てる

生物の成長、商品の売れ行き、流行の広がり、プログラムのミスの発見数などをグラフにすると、同じような曲線をえがいて変化することが多くあります。グラフは、初め少しずつ増え、とちゅうでぐんと増えていき、一定の期間がすぎると、増え方がゆるやかになり、へっていきます。この曲線は、成長曲線とよばれます。

例えば「日本の四輪自動車の国内生産台数」のデータを見ると、日本では1940年から1960年にかけて少しずつ生産台数を増やし、1960年から1980年にぐんと増えました。1989年までゆるやかに増えて、その後下がっています。

データを活用して計画を立てるときは、このような傾向も考えて、未来を予想していくのです。

出典：『世界自動車統計年報 第18集（2019年度版）』（日本自動車工業会刊行）の「主要国車種別生産台数」より作成
※四輪自動車は、乗用車、トラック、バスの合計。

日本の四輪自動車の国内生産台数

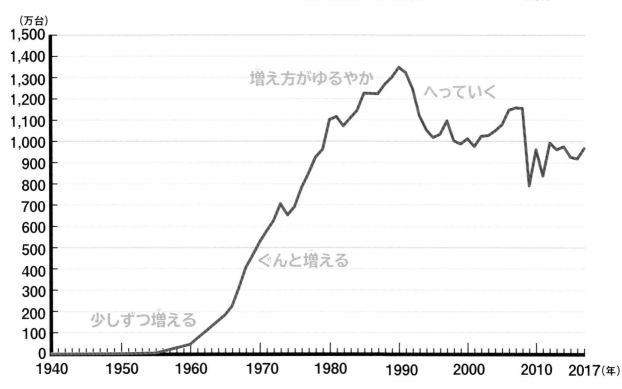

調べる手順はPPDAC

実際にデータを使って、問題を解決するときは、5つの手順にそって取り組んでみましょう。

データを使って問題を解決するときに、以下の5つの手順があります。

1 **Problem** ········ 問題を設定する
2 **Plan** ·········· 計画を立てる
3 **Data** ··········· データを集める
4 **Analysis** ······· 分せきする
5 **Conclusion** ··· 結論を出す

この手順を右の図のようにくり返しておこなうことから、それぞれの英語の頭文字を取って「PPDAC サイクル」といいます。

新たな問題が出たら、1～5をくり返して調べましょう。また、PPDAC と順に進んでいくのではなく、とちゅうで見直して計画を立てなおしたり、データを集め直したりしても構いません。データの変化を予想して、調べる期間や回数を決めるとよいでしょう。

5

Conclusion
コンクルージョン
結論を出す

分せきした結果をまとめて、問題に対する結論を出しましょう。

集めたデータから表やグラフを作りましょう。グラフを見て、どんなときにどんな変化があるのかを、考えてみましょう。

新たな問題を見つけたら
PPDACの手順を
くり返して調べよう!

データに基づいて問題を解決する手順（PPDAC サイクル）

1 Problem（プロブレム）
問題を設定する

「どうしてだろう」「解決したい」と思うことから、具体的に何を問題にするかを決めましょう。

2 Plan（プラン）
計画を立てる

問題を解決するために、どんなデータが必要か、どのように集めるかを考えましょう。調べる期間や回数をどのくらいにするかも決めましょう。

ふり返ってみよう

結論を出したら、もう一度ふり返ってみましょう。新たな発見や問題が見つかったら、1 にもどります。

3 Data（データ）
データを集める

本やウェブサイトなどから、必要なデータを集めましょう。アンケートを取る場合は、集めた結果を集計しましょう。

4 Analysis（アナリシス）
分せきする

商品の位置を変えて売り上げ数をのばそう

トーケイ小学校の4年1組では、コンビニの商品の売り上げ数をのばすという問題を、商品の位置に注目して考えてみることにしました。

Problem
問題を設定しよう

どうしたらコンビニのトーケイマートで、商品の売り上げ数をのばせるか、具体的に調べることを決めましょう。

※この場合、お茶は500〜600mL前後のサイズのものとしました。

Plan
プラン

計画を立てよう

売り上げ数の変化を調べるために、どのくらいの期間で何を調べるかを考えましょう。

まず、9月1日から今日15日までのお茶とおにぎりの売り上げ数を調べよう

16日から30日までは売り場の位置を近くして売り上げ数を調べよう

「お茶の位置を変える前と変えた後の売り上げ数」を調べてみよう

Data
データ

データを集めよう

1日ごとにいくつ売れたか数えましょう。

お茶とおにぎりの今月の売り上げ数のデータを見せてもらえませんか?

パソコンのデータから売り上げ数をプリントするから数えてくれる?

9月1日 売り上げ数のデータ お茶

順位	商品名	メーカー	本数（本）
1	いえんもん茶	ヨントリー	2
2	おおっ! お茶	玉川園	1
2	まいう～麦茶	トンガリヤ	1
2	新ウーロン茶	ボトラーズ	1
3	ヘルシー茶	しずおか園	0

お茶とおにぎりの**売り上げ数は1日ごとに数えよう**

17

Analysis
アナリシス

データを分せきしよう

どんな表やグラフにしたらよいかを考えて作り、データからわかったことを考えましょう。

表にまとめたよ

月　日	おにぎり(個)	お茶(本)
9月 1日	20	5
9月 2日	19	4
9月 3日	22	5
9月 4日	20	4
9月 5日	24	5
9月 6日	20	3
9月 7日	18	3
9月 8日	22	4

月　日	おにぎり(個)	お茶(本)
9月 9日	21	5
9月10日	24	4
9月11日	19	5
9月12日	25	4
9月13日	22	3
9月14日	19	3
9月15日	21	4
合計	316	61

おにぎりよりお茶の売り上げ数は少ないんだね

折れ線グラフにしてまとめてみようよ

売れ方の傾向がわかるかな?

折れ線グラフを作ったよ

お茶とおにぎりの売り上げ数　9月

トーケイマート調べ
（20××年9月1日〜15日）

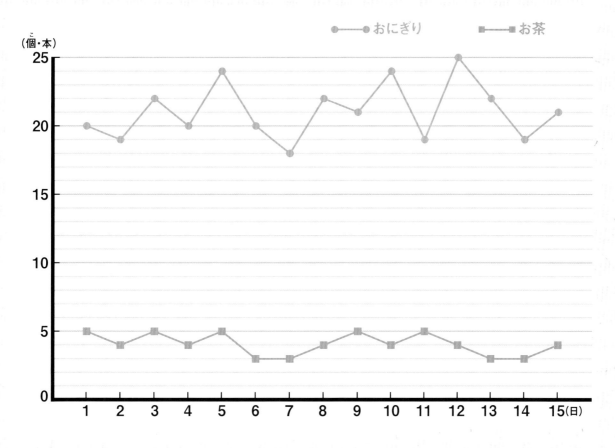

お茶は変化が
ゆるやかだね。
何もしなかったら
16日以降も
同じくらいしか
売れないかも

おにぎりの近くに
お茶を置いて
また9月末に
データを集計しよう

Data
データ

データを集めよう
あつ

お茶の位置をおにぎりの近くに変えた後の9月16
日〜30日までの売り上げ数を数えましょう。

Analysis
アナリシス

データを分せきしよう

お茶の位置をおにぎりの近くに変えた後のデータを
グラフにして、変化のちがいを考えましょう。

＼表にまとめたよ／
ひょう

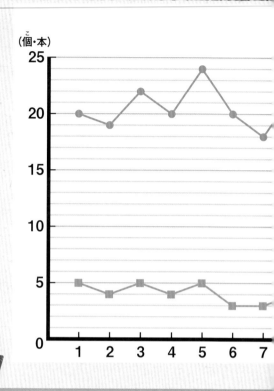

(個・本)

月　日	おにぎり(個)	お茶(本)
9月 16日	18	8
9月 17日	21	10
9月 18日	20	11
9月 19日	20	10
9月 20日	24	14
9月 21日	23	13
9月 22日	22	13
9月 23日	21	12
9月 24日	19	11
9月 25日	20	12
9月 26日	22	13
9月 27日	24	16
9月 28日	22	15
9月 29日	21	13
9月 30日	20	12
合計	317	183

9/1〜9/15の
お茶の位置を
変える前のグラフと
つなげてみよう

位置を変える前と
変えた後の
変化がわかりやすい

20

お茶とおにぎりの売り上げ数　9月

トーケイマート調べ
（20××年9月1日〜30日）

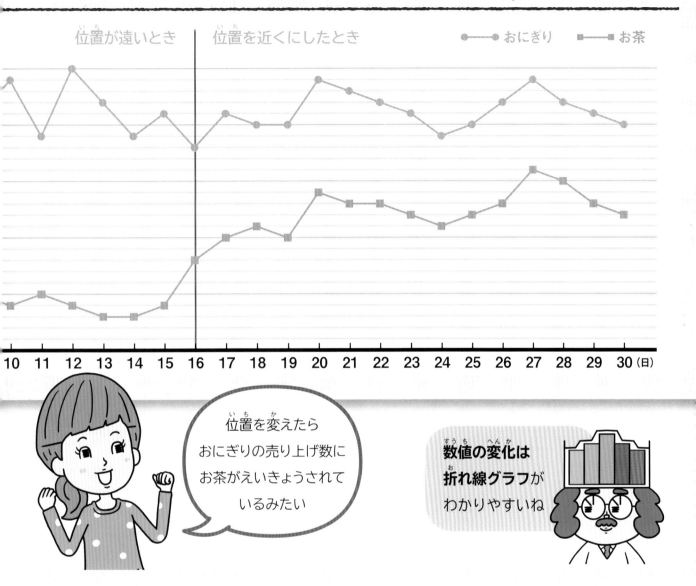

位置が遠いとき　｜　位置を近くにしたとき　　●─● おにぎり　■─■ お茶

10　11　12　13　14　15　16　17　18　19　20　21　22　23　24　25　26　27　28　29　30 (日)

位置を変えたら
おにぎりの売り上げ数に
お茶がえいきょうされて
いるみたい

数値の変化は
折れ線グラフが
わかりやすいね

Conclusion
結論を出そう

→　お茶の位置をおにぎりの
近くにすると、お茶の
売り上げ数がのびた

調べる期間や回数によって、変化のようすは変わって
くるよ。変化を予想して、調べる期間や回数を決めよう。

21

変化するデータをくらべよう

温まりやすい色は？

色によって、温まりやすい色と温まりにくい色があるのでしょうか。色水に日光を当てた実験のデータを見て、考えてみましょう。

実験開始時　気温：28℃　水温：27℃

グラフからわかったことは？

右の折れ線グラフは、白、黄、青、黒の色水を、日光の当たるところに置いて、15分ごとに水温を測った実験結果です。

1つずつの色水の温度の変化はわかりますが、4つの色水の折れ線グラフを時間ごとにくらべていくのは、ひと目では難しいです。

白の色水は
温度の変化がゆるやかで、
ほかの色水は
変化がはげしいね

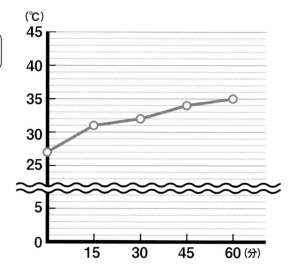

白

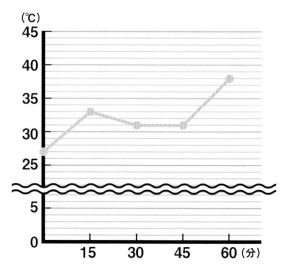

黄

色水の温度調べ

出典：茨城県潮来市立潮来第二中学校「色水の温度の違い」（2016年夏までの研究）より作成（2019年12月25日提供）

実験方法

ビーカーにポスターカラー2gで作った色水を150mL用意。日光の当たるところに置き、15分ごとに計測。

白、黄、青、黒のグラフを1つずつくらべるのはわかりづらいね

青

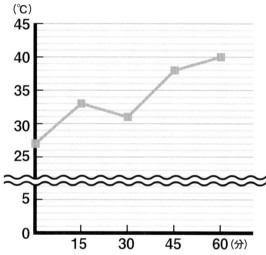

黒

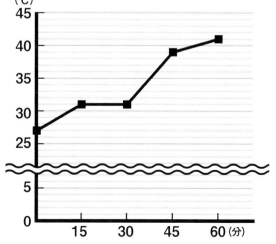

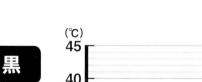

さらに

4つのグラフを、**1つのグラフにまとめてみよう。**くらべやすくなるかな？

4つのデータを 1つのグラフで 表してみよう

グラフから わかった ことは？

右は、22～23 ページの4つの色水のデータを1つの折れ線グラフにまとめたものです。データの数値を1つずつ読み取ってくらべなくても、同じ時間にそれぞれの色が何度だったのかが、ひと目でわかります。

また、色によっての温度の上がり方のちがいや、青と黒の色水は温度の上がり方が似ているなど、ちがう点や似ている点をくらべやすくなります。

黒は60分後に
14℃も上がった！
服も色によって
温度がちがうのかな

色水の温度調べ

実験開始時　気温：28℃　水温：27℃

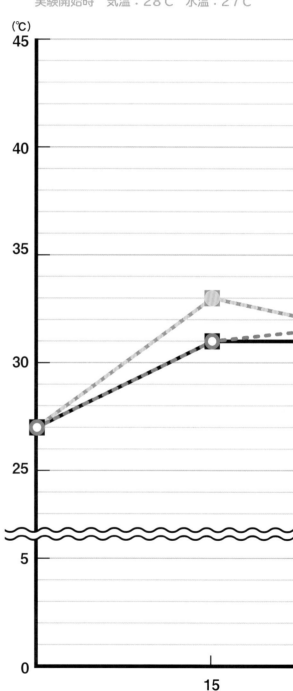

出典：茨城県潮来市立潮来第二中学校「色水の温度の違い」（2016年夏までの研究）より作成（2019年12月25日提供）

実験方法

ビーカーにポスターカラー2gで作った色水を150mL用意。日光の当たるところに置き、15分ごとに計測。

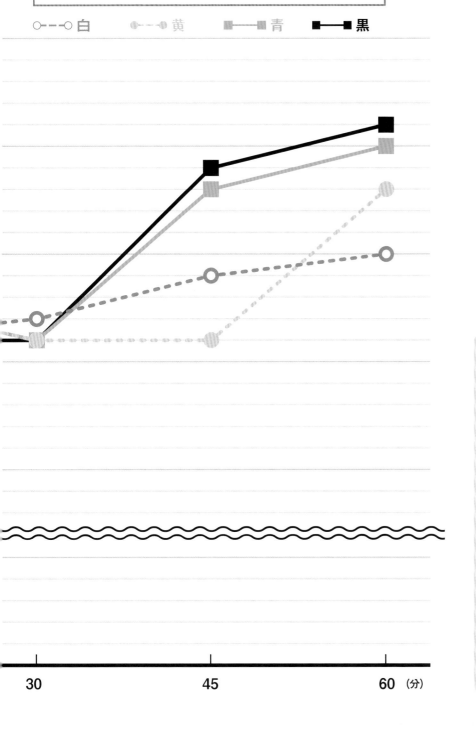

○ — ○ 白　　● - - ● 黄　　■ — ■ 青　　■ — ■ **黒**

30　　　　45　　　　60　（分）

\わかった！/

日光に当てて60分後には黒、青、黄、白の順で色水の温度が高くなった

発展！

同じ温度の色水を、日光の当たらない**冷蔵庫に入れて**、**温度の下がり方のちがい**をくらべてみよう。

高齢運転者の事故は増えている？
運転者の事故件数調べ

高齢化が進み、高齢者の交通事故が社会問題になっています。事故の件数などのデータから、実態を調べてみましょう。

グラフから わかった ことは？

右は、運転者10万人あたりの死亡事故件数を運転者の年齢別に表した棒グラフです。

前期高齢者*といわれる65〜74才にくらべて、**75才以上は運転者10万人あたりの死亡事故件数が約4倍多い**ことがわかります。

後期高齢者*も多いけど
免許を取ったばかりの
16〜19才も
事故が多いね

（件）

年齢	件数
16〜19	11.4
20〜24	5.2
25〜29	4.0
30〜34	3.3
35〜39	3.0
40〜44	2.9
45〜49	3.8

＊前期高齢者：65才以上75才未満の高齢者。
＊後期高齢者：75才以上の高齢者。

日本の運転者10万人あたりの死亡事故件数

出典：警察庁ウェブサイト「安全・快適な交通の確保に関する統計等」の「交通死亡事故の特徴について　平成29年（2017）」「高齢運転者による死亡事故に係る分析について」の「年齢層別の死亡事故件数（免許人口10万人当たり）」より（2019年11月1日利用）

※運転者10万人あたりの死亡事故件数とは、1年間に運転免許（自動車、自動二輪車、原動機付自転車の運転を認める免許）を持っている10万人に対して、何件の死亡事故があったかということを表している。

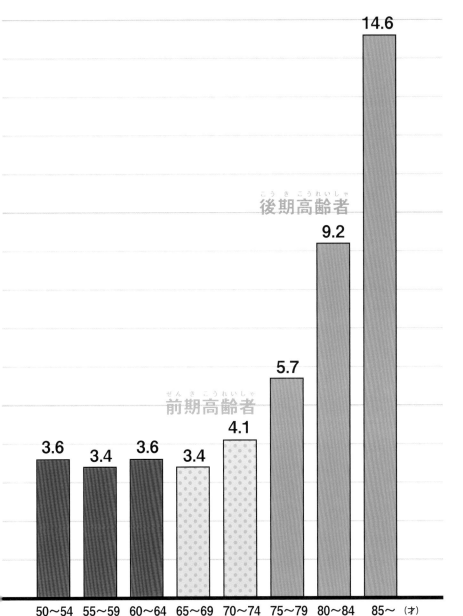

後期高齢者

前期高齢者

| 50〜54 | 55〜59 | 60〜64 | 65〜69 | 70〜74 | 75〜79 | 80〜84 | 85〜（才）|
| 3.6 | 3.4 | 3.6 | 3.4 | 4.1 | 5.7 | 9.2 | 14.6 |

＼わかった！／

後期高齢者の運転者による死亡事故件数はほかの年齢にくらべて多いことがわかった

さらに

高齢運転者の事故は年々増えているのかな？　年別のデータを見てみよう。

出典：警察庁ウェブサイト「安全・快適な交通の確保に関する統計等」の「交通死亡事故の特徴について　平成29年（2017）」「高齢運転者による死亡事故に係る分析について」の「高齢運転者による死亡事故件数の推移（免許人口10万人当たり）」より（2019年11月1日利用）

年別の高齢運転者の死亡事故件数を見てみよう

グラフからわかったことは？

右は、75才以上の高齢運転者と75才未満の運転者による、運転者10万人あたりの死亡事故の件数を表した折れ線グラフです。**75才以上の高齢運転者の10万人あたりの死亡事故の件数は年々へっていることがわかります。しかし、2017年は運転者10万人あたりの死亡事故の件数が、75才未満が約4件なのに、75才以上では約8件でした。**

75才以上の死亡事故の数値は、2007年とくらべると2017年は約半分になったね

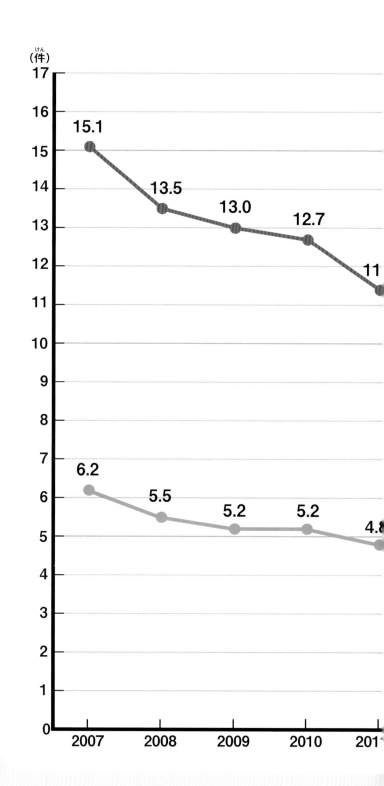

（件）

	2007	2008	2009	2010	2011
75才以上	15.1	13.5	13.0	12.7	11
75才未満	6.2	5.5	5.2	5.2	4.8

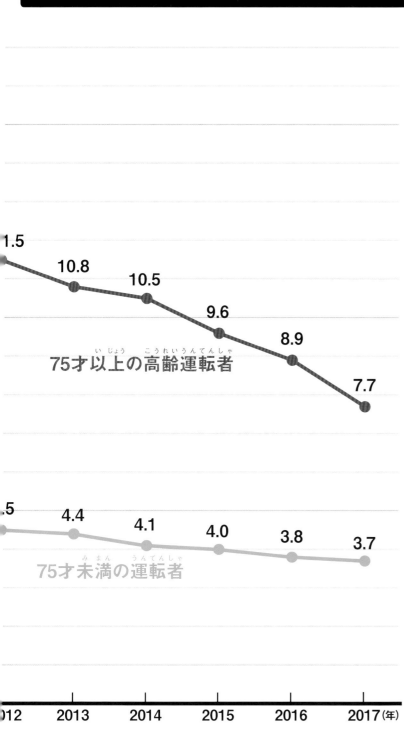

日本の高齢運転者による死亡事故件数

11.5

10.8

10.5

9.6

8.9

7.7

75才以上の高齢運転者

.5

4.4

4.1

4.0

3.8

3.7

75才未満の運転者

2012 2013 2014 2015 2016 2017 (年)

\わかった！/

75才以上の高齢運転者の運転者10万人あたりの死亡事故件数は年々へっているけど、75才未満の人より事故が多いね

発展！

運転免許を持っている人のうち、高齢運転者がどのくらいいて、年々どう変わっているのかを調べてみよう。

人数が増えたのはなぜ？

日本を訪れた外国人数

日本を訪れる外国人が多くなってきました。どのような目的で、またどこの国から来る人が多いのか、データから読み解いてみましょう。

グラフからわかったことは？

日本を訪れた外国人の数を、年別・目的別に表した折れ線グラフを見ると、2012年ごろから、日本を訪れる人が増えています。総数と観光目的の数値が同じようにのびていることから、観光目的で日本に来る人が増えたのがわかります。仕事目的で来る人の数値は、2004年からあまり変わりません。

2014～2015年で日本に来る人が急激に増えたね

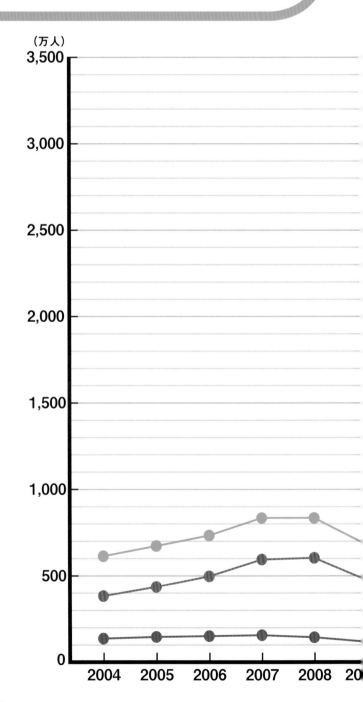

（万人）

3,500
3,000
2,500
2,000
1,500
1,000
500
0

2004　2005　2006　2007　2008　20

日本を訪れた外国人数の変化

出典：日本政府環境局ウェブサイト「月別・年別統計データ」「国籍別／目的別 訪日外客数（2004年〜2018年）」より作成（2019年11月1日利用）

総数

観光目的

仕事目的

0　2011　2012　2013　2014　2015　2016　2017　2018 (年)

わかった！

日本を訪れる外国人が増えたのは観光目的で来る人が増えたからなんだね

さらに

観光に来るのは、**どこの国の人が多いのか**な？　国別のデータを見てみよう。

出典：日本政府環境局ウェブサイト「月別・年別統計データ」「国籍別／目的別 訪日外客数（2004年〜2018年）」より作成（2019年11月1日利用）

観光に来るのは
どこの国の人が
多いのかな？

グラフからわかったことは？

右の「日本を観光で訪れた外国人の国・地域別数」の積み上げ棒グラフを見ると、2012年ごろから大韓民国（韓国）や中華人民共和国（中国）、台湾から観光に来る人が大きく増えたことがわかります。香港から来る人も多くなっています。

そういえば
電車や町の中で
英語、韓国語、中国語の
表示を見かけるなあ

※絵の中の電車の車内案内表示は、韓国語で「次は、東京」という意味。

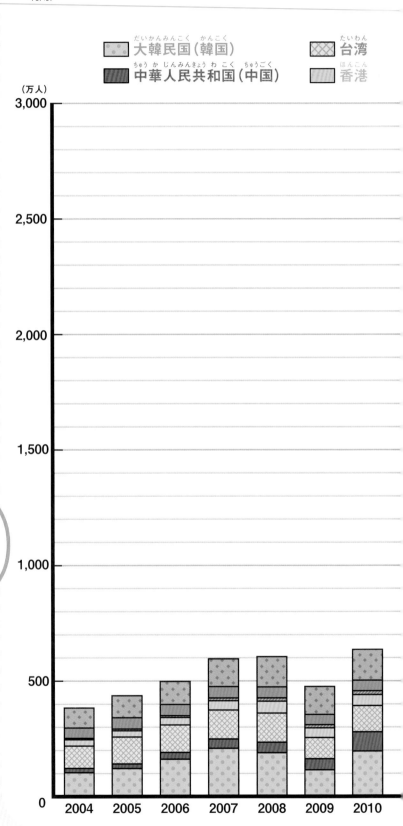

凡例：
- 大韓民国（韓国）
- 中華人民共和国（中国）
- 台湾
- 香港

（万人）

3,000

2,500

2,000

1,500

1,000

500

0

2004　2005　2006　2007　2008　2009　2010

日本を観光で訪れた外国人の国・地域別数

凡例:
- タイ
- アメリカ合衆国（アメリカ）
- その他

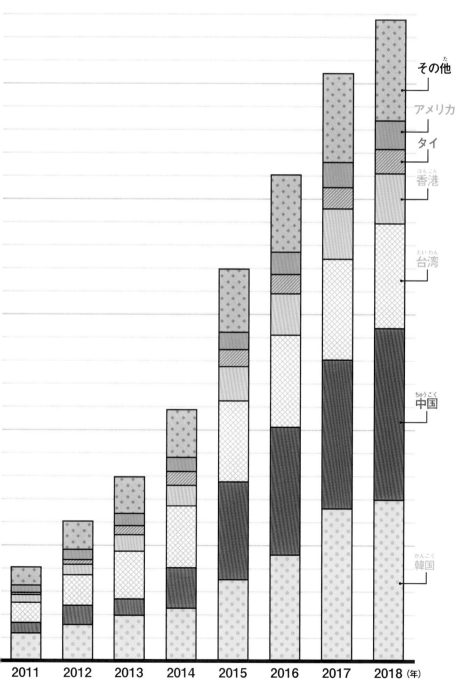

横軸: 2011　2012　2013　2014　2015　2016　2017　2018 (年)

2018年の内訳ラベル（上から）:
- その他
- アメリカ
- タイ
- 香港
- 台湾
- 中国
- 韓国

わかった！

とくに、アジアから日本に観光に来る人が増えたんだね

発展！

日本人は、世界のどこの国へ観光にいっているのか年ごとの変化を、調べてみよう！

プロ野球の入場者数の変化

プロ野球のセントラル・リーグの球場入場者数のデータを、折れ線グラフにしました。入場者数はどのように変化していったのでしょうか。

グラフからわかったことは？

右の折れ線グラフを見て、この後の入場者数を予想できるでしょうか。入場者数は、2005年から2009年にかけて増えました。その後へって、2011年には2005年と同じくらいの数値にもどりました。2011〜2012年は、数値に変化はありませんでした。

2009年はスタジアム広島ができて、入場者数が増えたのかな

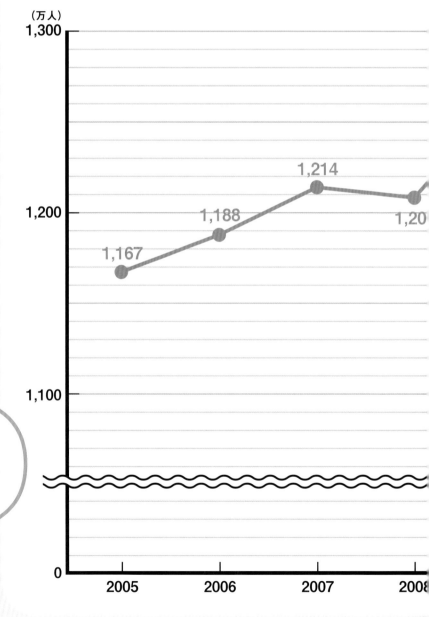

34

セントラル・リーグ年度別入場者数

出典：日本野球機構ウェブサイト「NPB」の「成績記録」「セントラル・リーグ 年度別入場者数（1950～2018）」より作成
※ただし、試合数は 2005～2006 年は 438、2007～2012 年は 432。

2009年
スタジアム広島ができる

,269

1,231

1,179

1,179

2011年
東日本大震災が起こる

さらに

グラフの数値は、**下がり続けてはいない**ね。2013年から先を見てみよう。

2009　2010　2011　2012　2013 (年)

調べる期間に注目してみよう

グラフからわかったことは？

34〜35ページの折れ線グラフでは、入場者数が下がり始めた2010年以降は、2年後の2012年までの数値しかありませんでした。

右のグラフで、もう少し長い期間、2018年までの数値を見てみると、入場者数はだんだんと増えているのがわかります。とくに、2014年から2015年にかけて、数値は急に増えています。

どうして増えたのかな？
とくに、ヤクルトが優勝した2015年は89万人も増えているよ

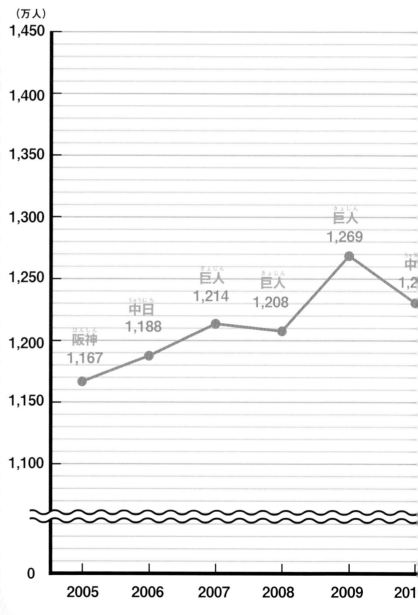

（万人）

阪神 1,167	2005
中日 1,188	2006
巨人 1,214	2007
巨人 1,208	2008
巨人 1,269	2009
中 1,2	201

セントラル・リーグ年度別入場者数

出典：日本野球機構ウェブサイト「NPB」の「成績記録」の「セントラル・リーグ年度別入場者数（1950～2018）」と「年度別成績（1936～2019）」より作成
※ただし、試合数は2005～2006年は438、2007～2014年は432、2015～2018年は429。

緑の文字はリーグ優勝チームの一般略称

広島
1,424

広島
1,402

広島
1,385

ヤクルト
1,351

巨人
1,262

巨人
1,220

日　巨人

79　1,179

2013年ごろから、ヤクルト、広島、横浜の試合の入場者数が増えていった

11 2012 2013 2014 2015 2016 2017 2018(年)

\ わかった！ /

変化を見るときには長い期間を見ないとまちがった分せきをしてしまうかもね

発展！

好きなスポーツの何年間かの入場者数を調べてみよう。どんな変化が読み取れるかな？

変化の大きさをくらべよう
埼玉と沖縄の最高気温

日本の最高気温のランキング10位までに、最南端の沖縄県は入っていませんでした。1位の埼玉県と沖縄県の最高気温をくらべてみましょう。

グラフからわかったことは？

右の折れ線グラフは埼玉県と沖縄県の最高気温を年別にくらべたものです。埼玉県が日本の最高気温のランキング1位になった2018年以外の年も、沖縄県より埼玉県のほうが最高気温は高いことがわかります。また、グラフの形を見ると、埼玉県のほうが最高気温の変化がはげしくなっています。

埼玉県のほうがグラフの数値の変化がはげしいね

埼玉県と沖縄県の最高気温の推移

出典：気象庁「各種データ・資料」の「過去の気象データ検索」「地点の選択」の「熊谷　年ごとの値」と「那覇　年ごとの値」より作成（2019年11月1日利用
※最高気温：1年のうちでもっとも高かった気温。

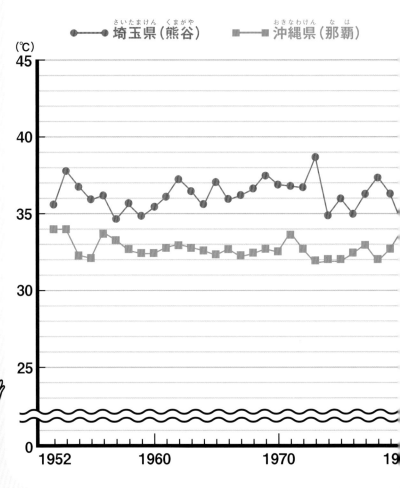

歴代最高気温ランキング

出典:気象庁ウェブサイト「各種データ・資料」の「過去の気象データ検索」「歴代全国ランキング」より作成（2019年11月1日利用）

順位	県名	地点	温度(℃)	年月日
1位	埼玉県	熊谷	41.1	2018年7月23日
2位	岐阜県	美濃	41.0	2018年8月 8日
2位	岐阜県	金山	41.0	2018年8月 6日
2位	高知県	江川崎	41.0	2013年8月12日
5位	岐阜県	多治見	40.9	2007年8月16日
6位	新潟県	中条	40.8	2018年8月23日
6位	東京都	青梅	40.8	2018年7月23日
6位	山形県	山形	40.8	1933年7月25日
9位	山梨県	甲府	40.7	2013年8月10日
10位	新潟県	寺泊	40.6	2019年8月15日
10位	和歌山県	かつらぎ	40.6	1994年8月 8日
10位	静岡県	天竜	40.6	1994年8月 4日

わかった！

2018年だけでなく埼玉県の最高気温は沖縄県より高いんだね

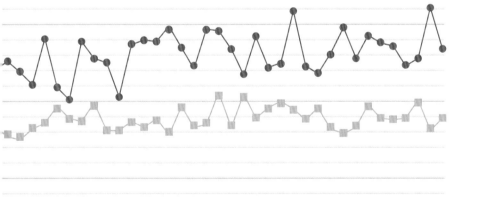

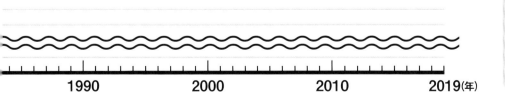

1990	2000	2010	2019	(年)

さらに →

2018年7月の埼玉県と沖縄県の夏の最高気温を調べてみよう。

埼玉県と沖縄県の夏の最高気温をくらべてみよう

出典：気象庁ウェブサイト「各種データ・資料」の「過去の気象データ検索」「地点の選択」「2018年」の「熊谷 2018年7月（日ごとの値）」と「那覇 2018年7月（日ごとの値）」より（2019年11月1日利用）

※最高気温：1日のうちでもっとも高かった気温。

グラフからわかったことは？

2018年7月の最高気温を日別に埼玉県と沖縄県でくらべてみました。右の折れ線グラフを見ると、沖縄県は30℃前後なのに対して、埼玉県は23.4〜41.1℃と、気温の差が大きいのがわかります。沖縄県のほうが埼玉県より最高気温が高い日がありました。

沖縄県のグラフは埼玉県にくらべて変化がゆるやかだね

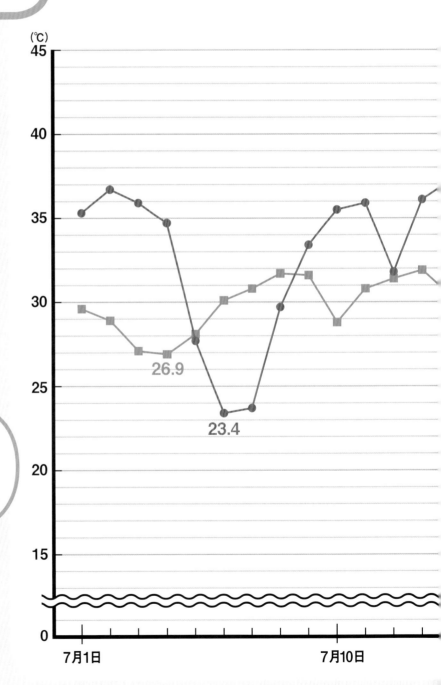

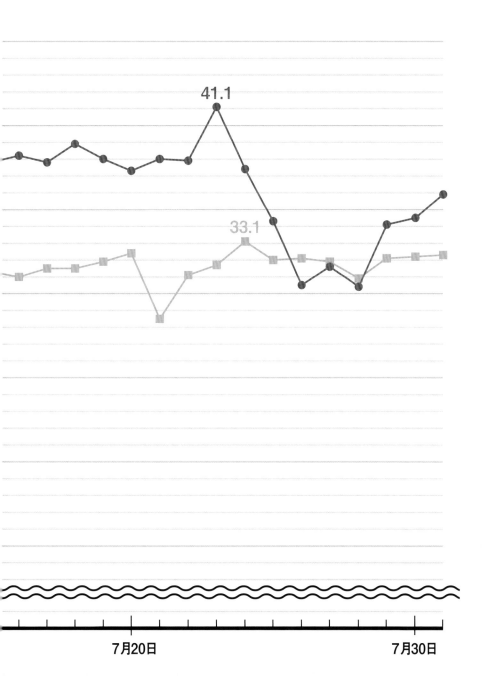

埼玉県と沖縄県の7月の最高気温(2018年)

●—● 埼玉県(熊谷)　■—■ 沖縄県(那覇)

41.1

33.1

7月20日　　　7月30日

わかった!

7月の最高気温の
データを見ると、
埼玉県は沖縄県より
日によって温度の変化が
大きいことがわかった

発展!

どうして埼玉県は、夏の
最高気温がこんなに高い
のかを調べてみよう。地理
と何か関係があるかな?

「売り上げ第1位」の
からくりを見やぶろう！

データの変化に注目して、1位の期間をチェック！

　映画や本のポスターやインターネットショッピングの商品などの広告で、「月間売り上げ第1位」「〇〇部門ランキング1位」といった宣伝を目にしたことはないでしょうか？　1位を取ったんだからこの映画や商品はきっと良いものなんだろう、と思いますよね。でも本当にそうでしょうか？　ランキングを見るときは、まず「日づけ」や「期間」に注目

してみましょう。

　例えばネット書店で、あるマンガが「売り上げ1位！（文庫マンガ部門6/13）」と宣伝されているとします。日づけに注目してみると、「6/13」たった1日だけの売り上げを取り上げています。しかし、1位をどのくらいの期間で取り続けていたのか、データの変化を見てみないと本当に売れているのかはわかりません。

映画ランキングの順位の推移

出典：トーケイ映画通信（20××年）

- ■ となりのモンスター
- ● ぼくのおじいさん
- ● ロボットたんてい

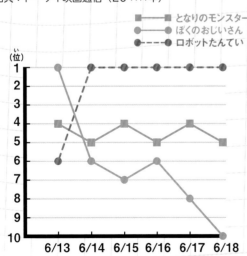

はんいを増やせば1位も増える？

データの変化のほかに、ランキングのはんいも見てみましょう。マンガの「売り上げ1位！（文庫マンガ部門6/13）」の場合、雑誌や図鑑、小説など、いろいろなジャンルの本がある中で、わざわざ「文庫マンガ部門」に限定しています。もしかするとそのマンガは全ジャンルをふくめた年間の売り上げでは100位以内に入っていないかもしれないのです。

「日間」「週間」「月間」「年間」とランキングを分けると、1年で365日+52週+12か月+1年＝430と、430個のランキングを作ることができます。さらに商品のジャンルが10個ある場合、それぞれの部門で430個のランキングがあるので、全部で4300個のランキングが存在することになります。この中で一度でも1位を取った場合、「売り上げ1位」と宣伝することができます。4300個も「1位」があると、本当にその商品が人気なのかどうかわからないですね。広告の宣伝を見るときは「1位」という言葉にながされず、その「はんい」を確認することが大切です。

推理小説部門　エッセイ部門　コミック部門

ビッグデータの活用でくらしが変わる

ビッグデータって何？

「ビッグデータ」という言葉を聞いたことがありますか？　インターネットの技術が進歩するにつれて、さまざまなところで使われるようになった言葉です。

　例えば、駅の改札は毎日何千万人という人が利用します。最近ではきっぷの代わりにICカードを利用するようになりました。このICカードの種類には、利用者の性別や年齢などが記録されるものがあり、その情報が鉄道会社に送られます。これによって「どんな人が」「いつ」「どの路線を利用したか」などの情報が蓄積していきます。

　ICカードの記録ほか、病院の通院記録、宇宙の観測データ、SNSの画像など、いろいろな分野で蓄積されたさまざまな種類の大量のデータを「ビッグデータ」といいます。

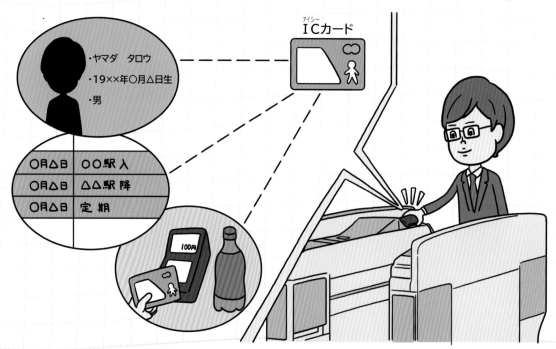

ICカード

・ヤマダ　タロウ
・19××年〇月△日生
・男

〇月△日	〇〇駅 入
〇月△日	△△駅 降
〇月△日	定 期

商品開発や医療の現場などに活用

コンビニのレジは「POSシステム」といって、商品のバーコードを読み取ると、どんな商品がいつ売れたのかといった情報が記録されるようになっています。こういったビッグデータを、専用のソフトウェアを使って分せきすることで、どんな商品を開発すれば売れるのか、どんなサービスを提供すれば便利になるのか、などを見つけることができます。

また、患者のデータから病気の原因や治りょう法を見つけるなど、わたしたちの生活をより良いものにするため、ビッグデータは活用されています。

AIとビッグデータで、より正確に予測を立てる

AI（人工知能）は、自動的に作業をしたり、あたえられたデータをもとに学習したりすることができます。このAIにビッグデータの情報をあたえると、どのくらいの確率でどんなことが起こる可能性がある、といった未来のことをかなり正確に予測できるようになりました。例えば、気象データなどから洪水などの災害の予測を、今までよりかなり正確に立てることもできます。しかし、集めたビッグデータから未来をより良くするために、どうすればいいかは、AIではなくわたしたち人間が決めていかなければならないことなのです。

さくいん

監修

今野 紀雄　（こんの のりお）

1957年、東京都生まれ。1982年、東京大学理学部数学科卒。1987年、東京工業大学大学院理工学研究科博士課程単位取得退学。室蘭工業大学数理科学共通講座助教授、コーネル大学数理科学研究所客員研究員を経て、現在、横浜国立大学大学院工学研究院教授。2018年度日本数学会解析学賞を受賞。おもな著書は『数はふしぎ』、『マンガでわかる統計入門』、『統計学 最高の教科書』（SBクリエイティブ）、『図解雑学 統計』、『図解雑学 確率』（ナツメ社）など、監修に『ニュートン式 超図解 最強に面白い!! 統計』（ニュートンプレス）など多数。

装丁・本文デザイン	： 倉科明敏（T.デザイン室）
表紙・本文イラスト	： オオノマサフミ
編集制作	： 常松心平、小熊雅子（オフィス303）
コラム	： 林太陽（オフィス303）
協力	： 小池翔太、石浜健吾、清水 佑（千葉大学教育学部附属小学校） 茨城県潮来市立 潮来第二中学校

2 データの達人　表とグラフを使いこなせ！
予想してみよう！ 数値の変化

発　行	2020年4月　第1刷
監　修	今野紀雄
発 行 者	千葉 均
編　集	吉田 彩、崎山貴弘
発 行 所	株式会社ポプラ社
	〒102-8519　東京都千代田区麹町4-2-6
	電話（編集）03-5877-8113　（営業）03-5877-8109
	ホームページ　www.poplar.co.jp
印刷・製本	図書印刷株式会社

落丁・乱丁本はお取り替えいたします。
小社宛にご連絡ください。
電話 0120-666-553
受付時間は、月～金曜日9時～17時です
（祝日・休日は除く）。

Printed in Japan　　ISBN978-4-591-16518-8 / N.D.C. 417 / 47P / 27cm

P7214002

全4巻

データの達人

表とグラフを使いこなせ！

監修：今野紀雄（横浜国立大学教授）

1 くらべてみよう！
数や量

2 予想してみよう！
数値の変化

3 組み合わせよう！
いろんなデータ

4 たしかめよう！
予想はホントかな？

- 小学校中学年以上向き
- オールカラー　● A4変型判
- 各47ページ　● N.D.C.417
- 図書館用特別堅牢製本図書